# 生乳关键指标研究

◎郑楠 卫琳 等 著

中国农业科学技术出版社

**图书在版编目（CIP）数据**

生乳关键指标研究 / 郑楠等著. --北京：中国农业科学技术出版社，2021. 10

ISBN 978-7-5116-5280-5

Ⅰ. ①生… Ⅱ. ①郑… Ⅲ. ①鲜乳－国家标准－研究－中国 Ⅳ. ①TS252.7

中国版本图书馆 CIP 数据核字（2021）第 066331 号

**责任编辑** 金　迪
**责任校对** 马广洋
**责任印制** 姜义伟　王思文

**出 版 者** 中国农业科学技术出版社
北京市中关村南大街12号　　邮编：100081
**电　　话** （010）82109705（编辑室）（010）82109702（发行部）
（010）82109709（读者服务部）
**传　　真** （010）82106625
**网　　址** http: // www.castp.cn
**经 销 者** 各地新华书店
**印 刷 者** 北京建宏印刷有限公司
**开　　本** 185 mm×260 mm　1/16
**印　　张** 4
**字　　数** 38千字
**版　　次** 2021年10月第1版　　2021年10月第1次印刷
**定　　价** 68.00元

# 《生乳关键指标研究》

## 编委会

**主　　任：**杨振海

**副 主 任：**王俊勋　王加启

**委　　员：**卫　琳　郑　楠　孙永健　周振峰

## 著者名单

**主　　著：**郑　楠　卫　琳

**副 主 著：**王　君　刘慧敏　郝欣雨　孟　璐　张养东

**参著人员**（按姓氏笔画排序）：

于　静　叶巧燕　迟雪露　张玉卿　陈　潇

屈雪寅　赵艳坤　柳　梅　钟建萍　宫慧姝

高亚男　郭洪侠　郭梦薇　董　蕾　程明轩

# 前　言

2012—2020年，农业农村部连续开展生鲜乳质量安全监测工作，监测指标覆盖9大类生乳国标重要指标，包括脂肪和蛋白质2项营养指标，冰点、非脂乳固体、相对密度、酸度和杂质度5项质量指标，菌落总数1项安全指标和体细胞数1项健康指标。范围覆盖北京、天津、河北、山西、内蒙古、辽宁、吉林、黑龙江、上海、江苏、浙江、安徽、福建、江西、山东、河南、湖北、湖南、广东、广西、海南、重庆、四川、贵州、云南、陕西、甘肃、青海、宁夏和新疆，共30个省（区、市）及新疆生产建设兵团，样品量约20万批次，累计获得20余万条有效检测数据。

本书对历年来生乳质量安全监测结果进行了全面梳理，客观分析了各项指标的年度变化情况，为我国生乳国标的修订和优质乳工程标准制订提供了坚实的数据基础。

本书出版得到了农业农村部畜牧兽医局的大力支持，也得到了各位领导和专家的帮助和指导，在此一并表示感谢。

著 者

2021年5月

# 目　录

# 第一章 营养指标

◆ 脂肪

◆ 蛋白质

# 一、脂肪

## （一）监测概况

脂肪是生乳中的主要成分之一，是反映生乳营养品质的重要指标。

2012—2020年，连续9年对除西藏和港澳台以外全国30个省（区、市）开展生乳中脂肪指标监测，监测样品量超过2.8万批次，累计获得监测数据28 822条（图1-1）。

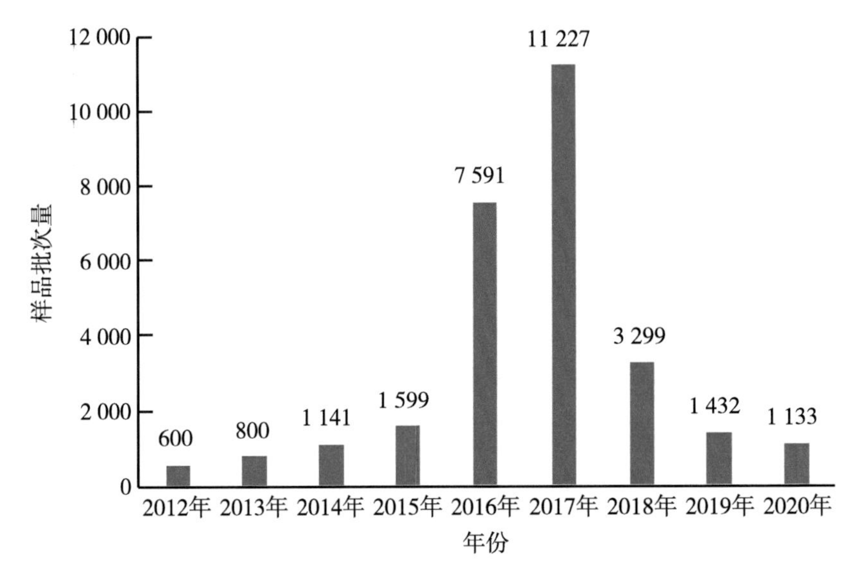


**图1-1　2012—2020年生乳中脂肪累计监测样品量**

## （二）监测结果分段统计

分段结果显示，2012—2020年，脂肪含量≥3.1g/100g的生乳比例分别为97.00%、95.88%、98.51%、97.69%、95.84%、98.04%、99.06%、99.37%和99.74%。

脂肪含量≥3.2g/100g的生乳比例分别为91.67%、93.00%、95.18%、92.87%、80.65%、96.24%、96.97%、96.02%和97.97%。

脂肪含量≥3.3g/100g的生乳比例分别为83.50%、88.50%、90.10%、85.87%、89.11%、93.13%、94.67%、91.27%和93.82%。

脂肪含量≥3.4g/100g的生乳比例分别为72.33%、82.38%、82.73%、77.49%、83.47%、87.85%、91.54%、87.15%和89.14%。

脂肪含量≥3.5g/100g的生乳比例分别为61.50%、71.88%、72.48%、67.48%、74.63%、81.61%、86.78%、82.61%、82.44%（表1-1）。

**表1-1　2012—2020年生乳脂肪含量占比情况分段统计**

| 年份 | <3.1g/100g | ≥3.1g/100g | ≥3.2g/100g | ≥3.3g/100g | ≥3.4g/100g | ≥3.5g/100g |
|---|---|---|---|---|---|---|
| 2012 | 3.00% | 97.00% | 91.67% | 83.50% | 72.33% | 61.50% |
| 2013 | 4.13% | 95.88% | 93.00% | 88.50% | 82.38% | 71.88% |
| 2014 | 1.49% | 98.51% | 95.18% | 90.10% | 82.73% | 72.48% |
| 2015 | 2.31% | 97.69% | 92.87% | 85.87% | 77.49% | 67.48% |
| 2016 | 4.16% | 95.84% | 80.65% | 89.11% | 83.47% | 74.63% |
| 2017 | 1.96% | 98.04% | 96.24% | 93.13% | 87.85% | 81.61% |
| 2018 | 0.94% | 99.06% | 96.97% | 94.67% | 91.54% | 86.78% |
| 2019 | 0.63% | 99.37% | 96.02% | 91.27% | 87.15% | 82.61% |
| 2020 | 0.26% | 99.74% | 97.97% | 93.82% | 89.14% | 82.44% |

### （三）监测结果与各类标准的比较分析

我国生乳中脂肪含量逐年提升，2020年脂肪含量平均值达到3.78g/100g，远高于我国现行国家标准中≥3.1g/100g和我国台湾地区≥3.0%的限量要求（图1-2）。

按照《食品安全国家标准　生乳》（GB 19301—2010）中脂肪含量≥3.1g/100g限量统计，2020年99.74%的生乳样品符合国家标准的要求（图1-3）。

为此，研究建议生乳基础标准定值为脂肪含量≥3.2g/100g，2020年97.97%的生乳样品符合新限量的要求（图1-3）。

按照《优级生乳》（T/TDSTIA 003—2019）标准中脂肪含量≥3.3g/100g限量统计，2020年93.82%的生乳达到优级生乳脂肪限量要求。

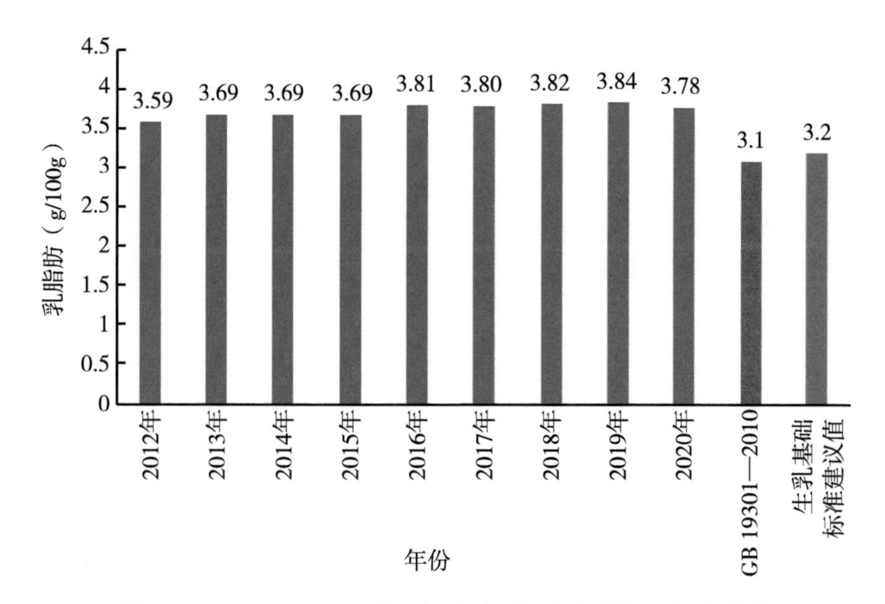


图1-2　2012—2020年生乳中脂肪含量平均值变化

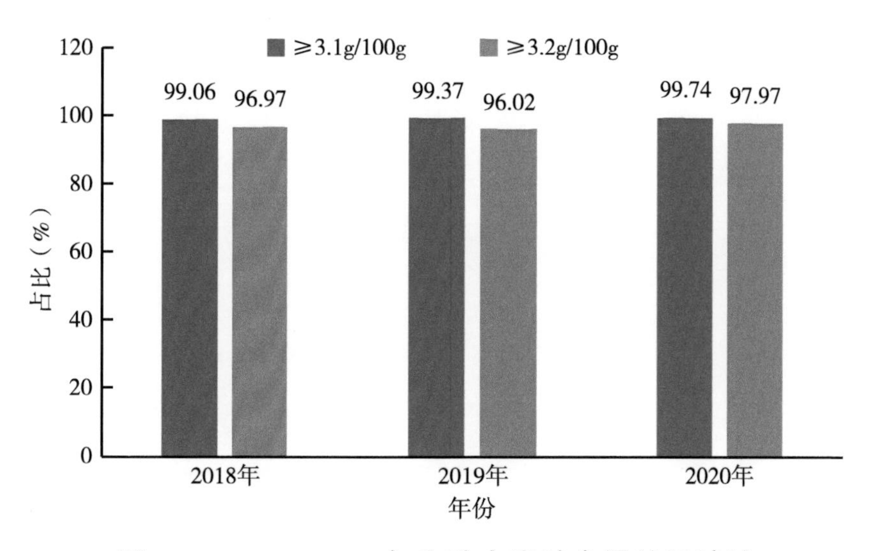


图1-3　2018—2020年生乳中脂肪含量结果统计

按照《特优级生乳》（T/TDSTIA 002—2019）标准中脂肪含量≥3.4g/100g限量统计，2020年89.14%的生乳样品达到特优级生乳脂肪限量要求。

## 二、蛋白质

### （一）监测概况

蛋白质是生乳中的主要成分之一，是反映生乳营养品质的重要指标。

2012—2020年，连续9年对除西藏和港澳台以外全国30个省（区、市）开展生乳中蛋白质指标监测，累计监测样品量超过2.9万批次，获得有效监测数据29 539条（图1-4）。

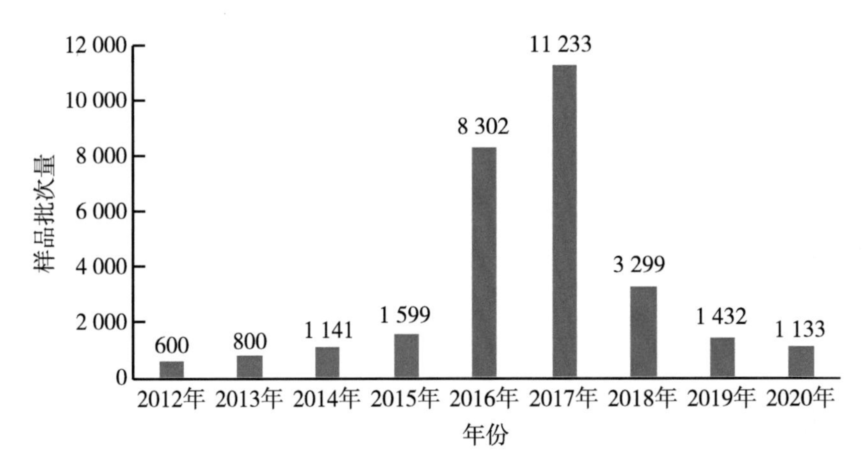


**图1-4　2012—2020年生乳中蛋白质累计监测样品量**

### （二）监测结果分段统计

分段结果显示，2012—2020年，蛋白质含量≥2.8g/100g的生乳比例分别为99.50%、99.38%、99.04%、98.87%、99.37%、99.67%、99.70%、99.93%和100.00%。

蛋白质含量≥2.9g/100g的生乳比例分别为97.17%、93.25%、92.73%、92.31%、97.48%、98.26%、97.70%、97.49%和98.23%。

蛋白质含量≥2.95g/100g的生乳比例分别为92.67%、83.88%、85.80%、85.87%、94.59%、96.61%、95.33%、95.11%和96.38%。

蛋白质含量≥3.0g/100g的生乳比例分别为86.33%、77.88%、79.84%、79.24%、89.82%、93.95%、93.27%、92.39%和95.15%。

蛋白质含量≥3.1g/100g的生乳比例分别为62.50%、53.63%、54.43%、57.41%、71.92%、81.52%、80.33%、77.37%和87.03%。

蛋白质含量≥3.2g/100g的生乳比例分别为36.50%、33.75%、28.83%、35.65%、53.88%、59.01%、59.90%、

57.54%和68.05%。

蛋白质含量≥3.3g/100g的生乳比例分别为16.67%、14.75%、12.62%、17.51%、37.65%、34.10%、37.98%、39.80%和42.19%（表1-2）。

**表1-2　2012—2020年生乳蛋白质含量占比情况分段统计**

| 年份 | ≥2.8g/100g | ≥2.9g/100g | ≥2.95g/100g | ≥3.0g/100g | ≥3.1g/100g | ≥3.2g/100g | ≥3.3g/100g |
|---|---|---|---|---|---|---|---|
| 2012 | 99.50% | 97.17% | 92.67% | 86.33% | 62.50% | 36.50% | 16.67% |
| 2013 | 99.38% | 93.25% | 83.88% | 77.88% | 53.63% | 33.75% | 14.75% |
| 2014 | 99.04% | 92.73% | 85.80% | 79.84% | 54.43% | 28.83% | 12.62% |
| 2015 | 98.87% | 92.31% | 85.87% | 79.24% | 57.41% | 35.65% | 17.51% |
| 2016 | 99.37% | 97.48% | 94.59% | 89.82% | 71.92% | 53.88% | 37.65% |
| 2017 | 99.67% | 98.26% | 96.61% | 93.95% | 81.52% | 59.01% | 34.10% |
| 2018 | 99.70% | 97.70% | 95.33% | 93.27% | 80.33% | 59.90% | 37.98% |
| 2019 | 99.93% | 97.49% | 95.11% | 92.39% | 77.37% | 57.54% | 39.80% |
| 2020 | 100.00% | 98.23% | 96.38% | 95.15% | 87.03% | 68.05% | 42.19% |

## （三）监测结果与各类标准的比较分析

监测结果显示，我国生乳中蛋白质含量逐年提升，2020年蛋白质含量平均值达到3.27g/100g，远高于我国现行国家标准≥2.8g/100g的限量要求（图1-5）。

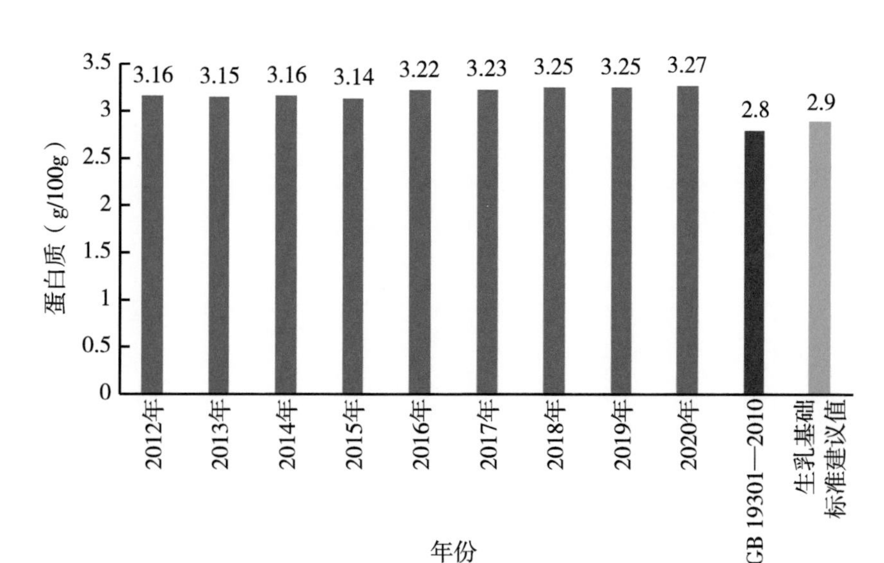


**图1-5　2012—2020年生乳中蛋白质含量平均值变化**

按照《食品安全国家标准　生乳》（GB 19301—2010）中蛋白质含量≥2.8g/100g限量统计，2020年100%的生乳样品符合国家标准的要求（图1-6）。

为此，研究建议生乳基础标准定值为蛋白质含量≥2.9g/100g，2020年98.23%的生乳样品符合新限量的要求（图1-6）。

按照《优级生乳》（T/TDSTIA 003—2019）标准中蛋白质含量≥3.0g/100g限量统计，2020年95.15%的生乳样品达到优级生乳蛋白质限量要求。

按照《特优级生乳》（T/TDSTIA 002—2019）标准中

蛋白质含量≥3.1g/100g限量统计，2020年87.03%的生乳样品达到特优级生乳蛋白质限量要求。

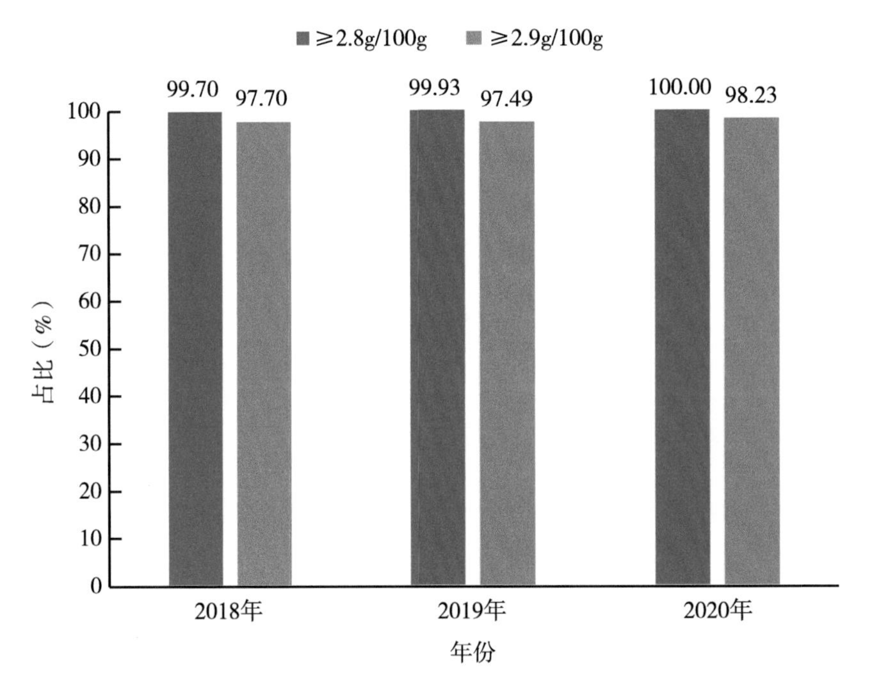


**图1-6　2018—2020年生乳中蛋白质含量结果统计**

# 第二章　质量指标

- 非脂乳固体
- 冰点
- 相对密度
- 酸度
- 杂质度

## 一、非脂乳固体

### （一）监测概况

非脂乳固体是生乳中除脂肪和水分外营养物质的总称，是反映生乳质量的重要理化指标。

2016—2020年，连续5年对除西藏和港澳台以外全国30个省（区、市）开展生乳中非脂乳固体指标监测，累计监测样品量超过1.8万批次，获得有效监测数据18 491条（图2-1）。

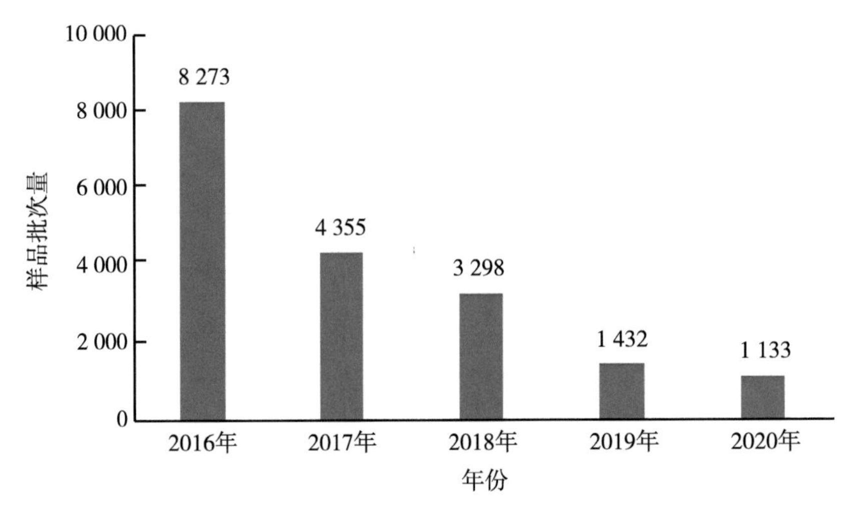


**图2-1　2016—2020年生乳中非脂乳固体累计监测样品量**

## （二）监测结果分段统计

分段结果显示，2016—2020年，非脂乳固体含量<8.1g/100g的生乳比例分别为1.5%、1.6%、1.0%、0.1%和0%。

非脂乳固体含量≥8.1g/100g的生乳比例分别为98.5%、98.4%、99.0%、99.9%和100.0%。

非脂乳固体含量≥8.2g/100g的生乳比例分别为97.1%、94.8%、97.0%、96.9%和99.0%（表2-1）。

**表2-1　2016—2020年生乳非脂乳固体含量分段统计**

| 年份 | <8.1g/100g | ≥8.1g/100g | ≥8.2g/100g |
| --- | --- | --- | --- |
| 2016 | 1.5% | 98.5% | 97.1% |
| 2017 | 1.6% | 98.4% | 94.8% |
| 2018 | 1.0% | 99.0% | 97.0% |
| 2019 | 0.1% | 99.9% | 96.9% |
| 2020 | 0% | 100.0% | 99.0% |

## （三）监测结果与各类标准的比较分析

监测结果显示，我国生乳中非脂乳固体含量逐年提升，2020年非脂乳固体含量平均值达到8.9g/100g，远高于我国现行国家标准8.1g/100g、我国台湾地区8.0g/100g和印度8.5g/100g限量要求（图2-2）。

为此，研究建议生乳基础标准定值为非脂乳固体含量≥8.1g/100g，2020年100%生乳样品符合新限量的要求（图2-3）。

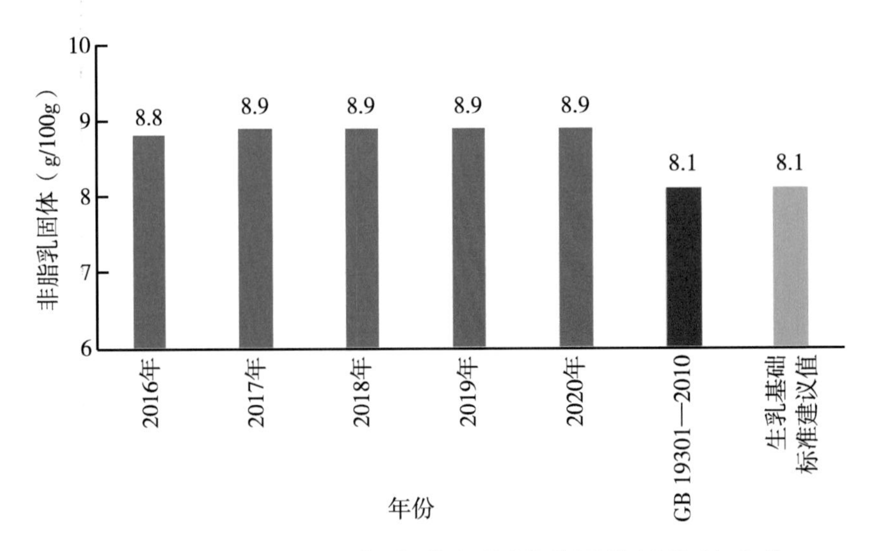


**图2-2　2016—2020年生乳中非脂乳固体平均值变化**

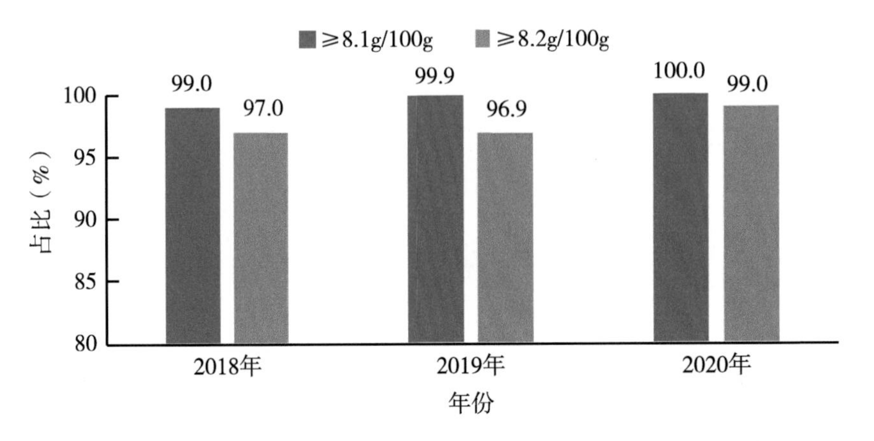


**图2-3　2018—2020年生乳中非脂乳固体含量结果统计**

## 二、冰点

### （一）监测概况

冰点是指生乳凝结成冰时的临界温度，是反映生乳中是否掺水、食盐等物质的质量指标。

2012—2020年，连续9年对除西藏和港澳台以外全国30个省（区、市）开展生乳中冰点指标监测，累计监测样品量超过2.3万批次，获得有效监测数据23 233条（图2-4）。

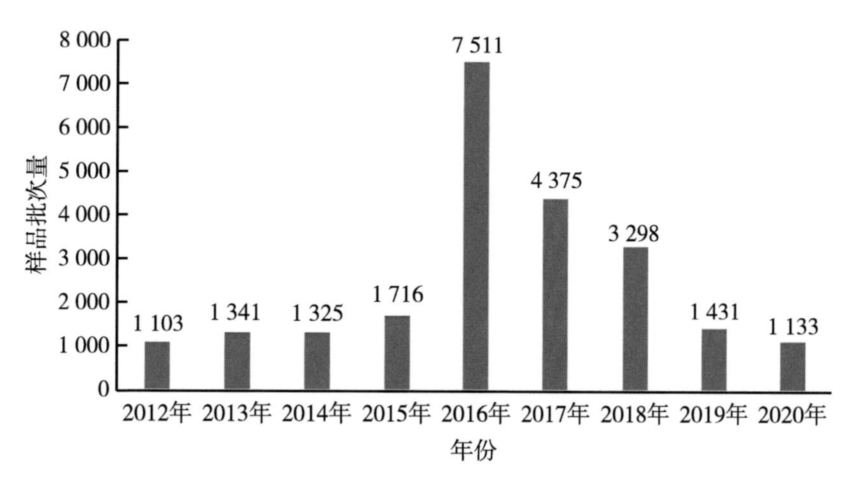


**图2-4　2012—2020年生乳中冰点累计监测样品量**

### （二）监测结果分段统计

分段结果显示，2012—2020年，冰点<-0.570℃的生

乳比例分别为0.0%、0.0%、0.0%、0.0%、0.8%、0.1%、0.2%、0.4%和0.2%。

-0.570℃≤冰点<-0.560℃的生乳比例分别为0.0%、0.0%、0.0%、0.0%、0.2%、0.0%、0.4%、0.0%和0.0%。

-0.560℃≤冰点<-0.550℃的生乳比例分别为5.5%、0.9%、3.9%、2.5%、2.8%、2.8%、4.8%、1.9%和6.3%。

-0.550℃≤冰点<-0.530℃的生乳比例分别为15.0%、21.0%、27.8%、21.3%、18.1%、17.6%、16.8%、23.8%和25.0%。

-0.530℃≤冰点<-0.510℃的生乳比例分别为68.7%、65.0%、58.8%、65.6%、65.8%、70.4%、71.8%、63.6%和57.0%。

-0.510℃≤冰点<-0.500℃的生乳比例分别为10.6%、13.0%、9.4%、10.5%、5.3%、8.6%、5.6%、9.9%和11.6%。

-0.500℃≤冰点<-0.490℃的生乳比例分别为0.0%、0.1%、0.0%、0.0%、0.5%、0.2%、0.2%、0.1%和0.0%。

冰点>-0.49℃的生乳比例分别为0.1%、0.1%、0.0%、0.0%、2.4%、0.2%、0.3%、0.3%和0.0%（表2-2）。

**表2-2　2012—2020年生乳冰点占比分段统计**

| 年份 | 冰点<-0.570℃ | -0.570℃≤冰点<-0.560℃ | -0.560℃≤冰点<-0.550℃ | -0.550℃≤冰点<-0.530℃ | -0.530℃≤冰点<-0.510℃ | -0.510℃≤冰点≤-0.500℃ | -0.500℃<冰点≤-0.490℃ | -0.490℃<冰点 |
|---|---|---|---|---|---|---|---|---|
| 2012 | 0.0% | 0.0% | 5.5% | 15.0% | 68.7% | 10.6% | 0.0% | 0.1% |
| 2013 | 0.0% | 0.0% | 0.9% | 21.0% | 65.0% | 13.0% | 0.1% | 0.1% |
| 2014 | 0.0% | 0.0% | 3.9% | 27.8% | 58.8% | 9.4% | 0.0% | 0.0% |
| 2015 | 0.0% | 0.0% | 2.5% | 21.3% | 65.6% | 10.5% | 0.0% | 0.0% |
| 2016 | 0.8% | 0.2% | 2.8% | 18.1% | 65.8% | 5.3% | 0.5% | 2.4% |
| 2017 | 0.1% | 0.0% | 2.8% | 17.6% | 70.4% | 8.6% | 0.2% | 0.2% |
| 2018 | 0.2% | 0.4% | 4.8% | 16.8% | 71.8% | 5.6% | 0.2% | 0.3% |
| 2019 | 0.4% | 0.0% | 1.9% | 23.8% | 63.6% | 9.9% | 0.1% | 0.3% |
| 2020 | 0.2% | 0.0% | 6.3% | 25.0% | 57.0% | 11.6% | 0.0% | 0.0% |

### （三）监测结果与各类标准的比较分析

监测结果显示，我国生乳中冰点持续保持稳定。2020年生乳中冰点平均值为-0.530℃，达到新西兰≤-0.512℃和加拿大≤-0.507℃的限量要求（图2-5）。

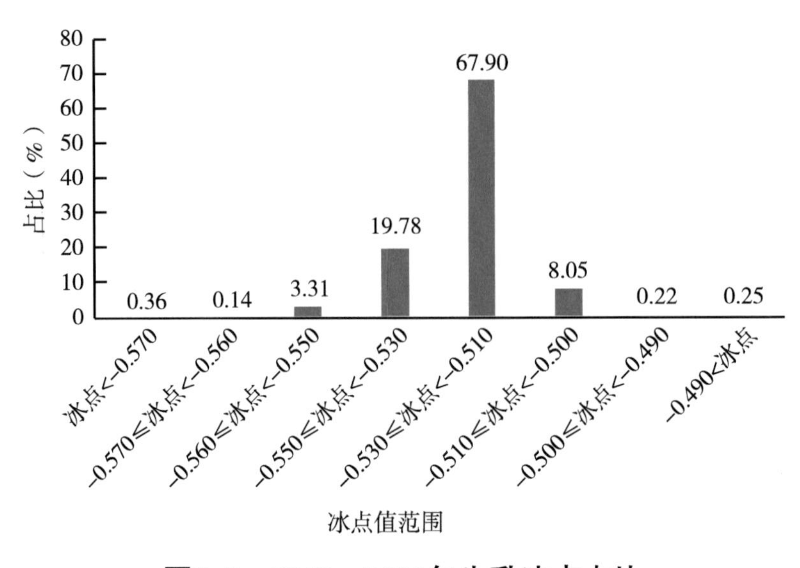


**图2-5　2012—2020年生乳冰点占比**

## 三、相对密度

### （一）监测概况

相对密度可反映生乳中是否掺水，是重要的理化指标。

2016—2020年，连续5年对除西藏和港澳台以外全国30个省（区、市）开展生乳中相对密度指标监测，累计监测样品量超过1.6万批次，获得有效监测数据16 641条（图2-6）。

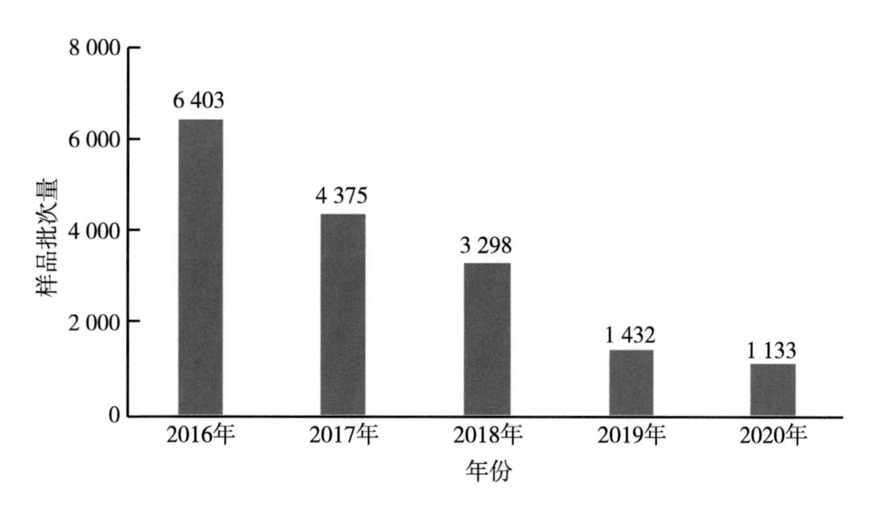


**图2-6　2016—2020年生乳中相对密度累计监测样品量**

## （二）监测结果分段统计

分段结果显示，2016—2020年，相对密度<1.027的生乳比例分别为3.0%、0.2%、0.8%、0.1%和0.8%。

相对密度≥1.027的生乳比例分别为97.0%、99.8%、99.2%、99.9%和99.2%。

相对密度≥1.028的生乳比例分别为90.6%、96.8%、97.6%、95.7%和94.5%。

相对密度≥1.029的生乳比例分别为78.8%、85.9%、88.2%、87.8%和84.5%（表2-3）。

**表2-3　2016—2020年生乳相对密度占比分段统计**

| 年份 | <1.027 | ≥1.027 | ≥1.028 | ≥1.029 |
|---|---|---|---|---|
| 2016 | 3.0% | 97.0% | 90.6% | 78.8% |
| 2017 | 0.2% | 99.8% | 96.8% | 85.9% |
| 2018 | 0.8% | 99.2% | 97.6% | 88.2% |
| 2019 | 0.1% | 99.9% | 95.7% | 87.8% |
| 2020 | 0.8% | 99.2% | 94.5% | 84.5% |

### （三）监测结果与各类标准的比较分析

监测结果显示，我国生乳中相对密度指标较为稳定，2020年相对密度平均值达到1.032，高于我国现行国家标准≥1.027（20℃/4℃）和日本≥1.028（20℃/15℃）的限量要求，符合我国台湾地区1.028～1.034（20℃/15℃）的限量要求（图2-7）。

按照《食品安全国家标准　生乳》（GB 19301—2010）标准中相对密度≥1.027（20℃/4℃）限量统计，2020年99.2%的生乳样品符合国家标准的要求（图2-8）。

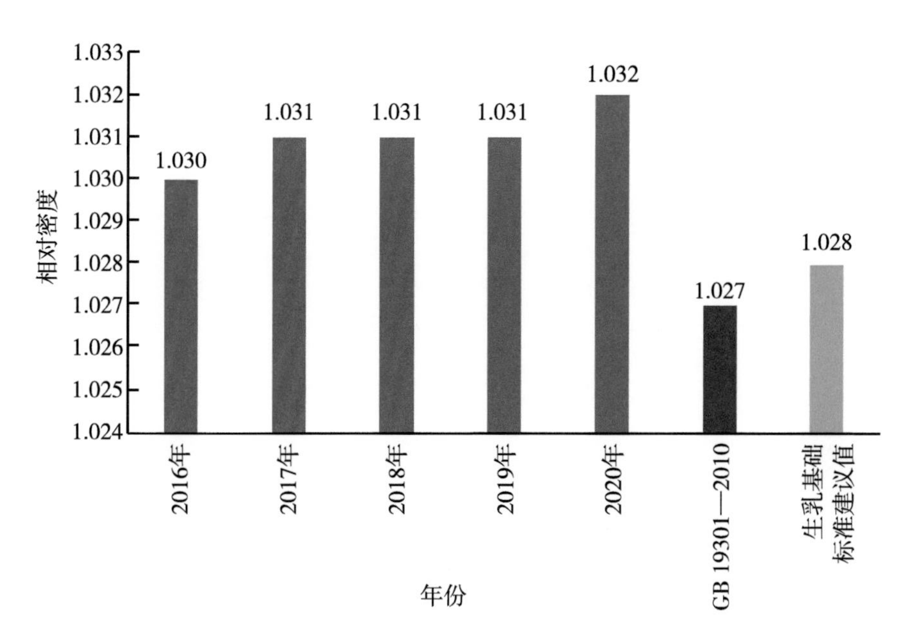


**图2-7　2016—2020年生乳中相对密度平均值变化**

为此，研究建议生乳基础标准定值为相对密度≥1.028（20℃/20℃），2020年94.5%的生乳样品符合新限量的要求（图2-8）。

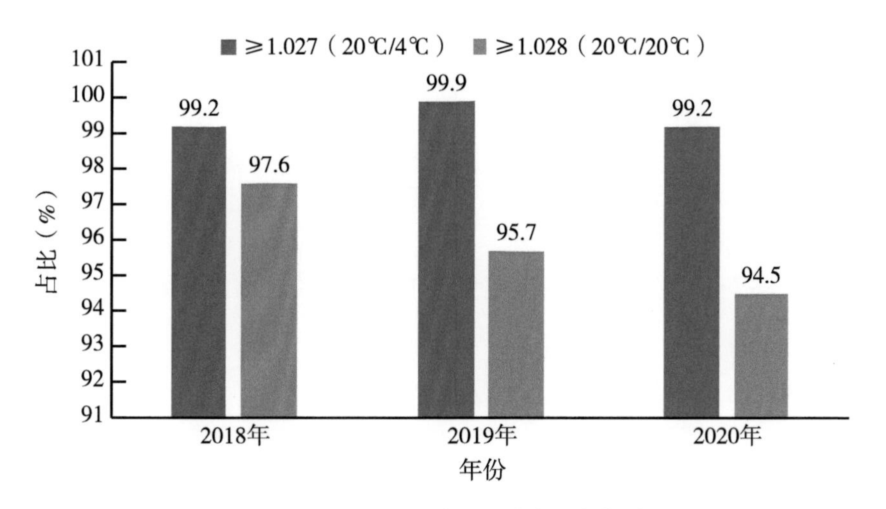


**图2-8　2018—2020年生乳相对密度占比**

# 四、酸度

## （一）监测概况

酸度可评价生乳新鲜程度，是重要的理化指标。

2016—2020年，连续5年对除西藏和港澳台以外全国30个省（区、市）开展生乳中酸度指标监测，累计监测样品量超过1.7万批次，获得有效监测数据17 478条（图2-9）。

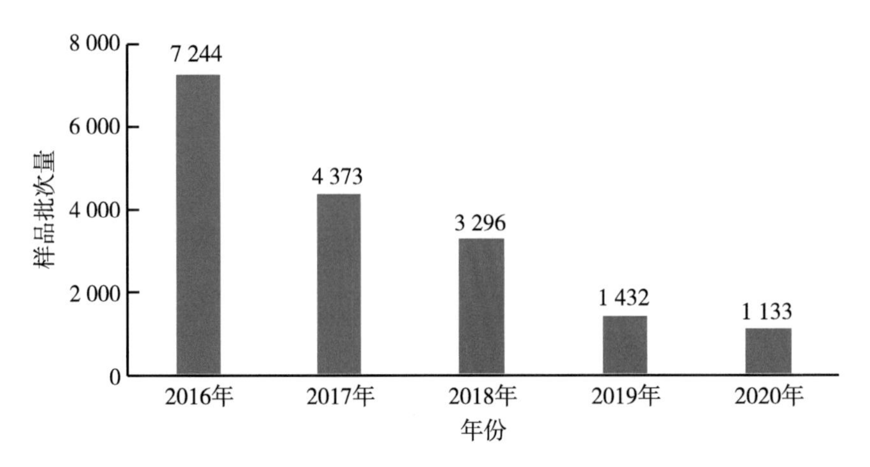


**图2-9　2016—2020年生乳中酸度累计监测样品量**

## （二）监测结果分段统计

分段结果显示，2016—2020年，酸度<10°T的生乳比例分别为0.0%、0.0%、0.1%、0.1%和0.0%。

10°T≤酸度<12°T的生乳比例分别为3.8%、0.4%、0.5%、0.0%和0.0%。

12°T≤酸度<14°T的生乳比例分别为53.4%、57.1%、55.7%、57.9%和56.8%。

14°T≤酸度<16°T的生乳比例分别为31.6%、31.2%、35.4%、36.9%和37.2%。

16°T≤酸度≤18°T的生乳比例分别为10.3%、11.0%、8.2%、5.1%和6.0%。

酸度>18°T的生乳比例分别为0.9%、0.2%、0.2%、0.0%和0.0%（表2-4）。

**表2-4　2016—2020年生乳酸度占比分段统计**

| 年份 | 酸度<10°T | 10°T≤酸度<12°T | 12°T≤酸度<14°T | 14°T≤酸度<16°T | 16°T≤酸度≤18°T | 酸度>18°T |
|---|---|---|---|---|---|---|
| 2016 | 0.0% | 3.8% | 53.4% | 31.6% | 10.3% | 0.9% |
| 2017 | 0.0% | 0.4% | 57.1% | 31.2% | 11.0% | 0.2% |
| 2018 | 0.1% | 0.5% | 55.7% | 35.4% | 8.2% | 0.2% |
| 2019 | 0.1% | 0.0% | 57.9% | 36.9% | 5.1% | 0.0% |
| 2020 | 0.0% | 0.0% | 56.8% | 37.2% | 6.0% | 0.0% |

## （三）监测结果与各类标准的比较分析

监测结果显示，我国生乳酸度指标较为稳定，2020年生乳酸度平均值达到13.86°T，符合现行生乳国标12°T～18°T的限量要求（图2-10）。

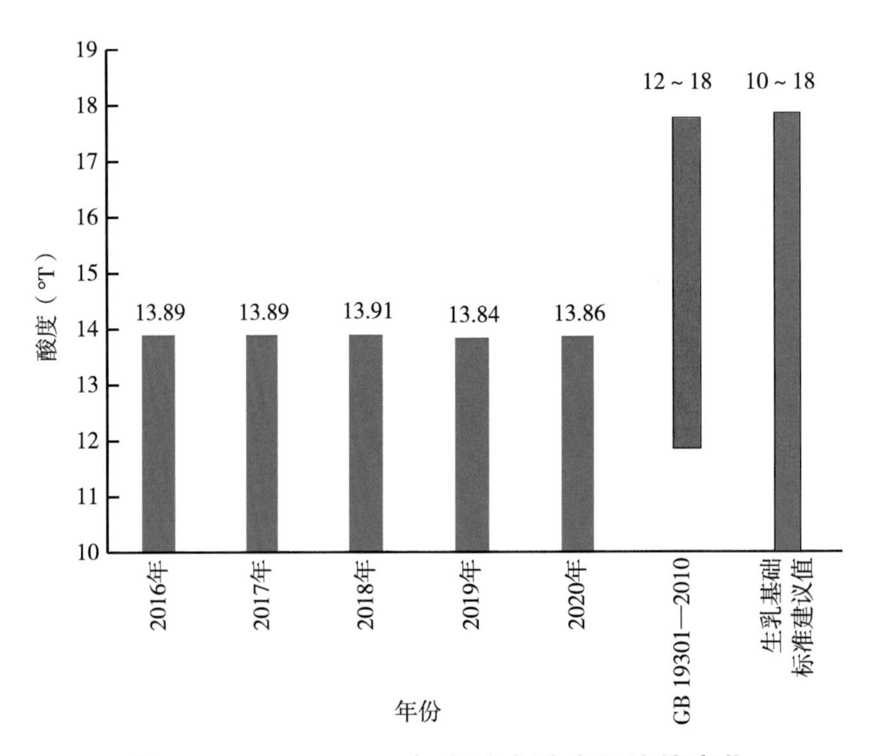


**图2-10　2016—2020年生乳中酸度平均值变化**

按照《食品安全国家标准　生乳》（GB 19301—2010）酸度12°T～18°T限量统计，2020年100%的生乳样品符合国家标准的要求（图2-11）。

为此，研究建议生乳基础标准定值为酸度10°T～18°T，

2020年100%的生乳样品符合新限量的要求（图2-11）。

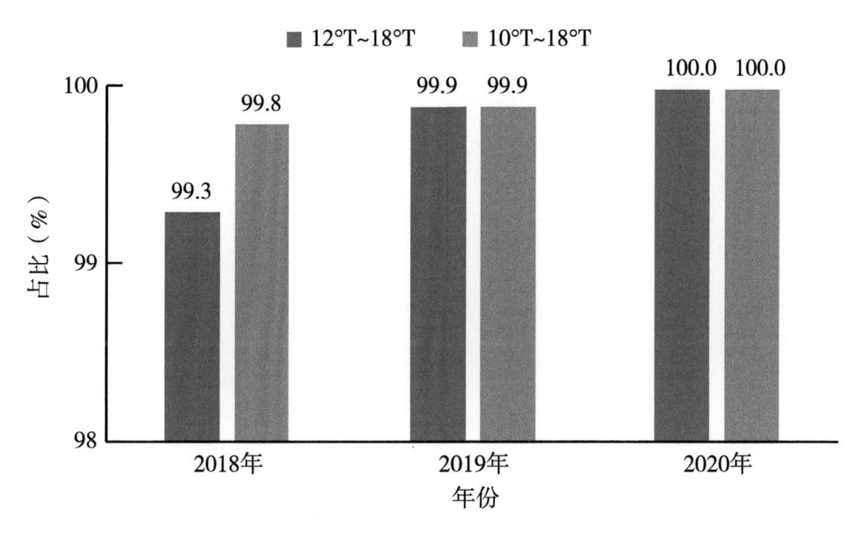


**图2-11　2018—2020年生乳酸度占比**

## 五、杂质度

### （一）监测概况

杂质度是指生乳中含有杂质的量，是衡量生乳洁净度的重要指标。

2016—2020年，连续5年对除西藏和港澳台以外全国30个省（区、市）开展生乳中杂质度指标监测，累计监测样品量超过1.5万批次，获得有效监测数据15 964条（图2-12）。

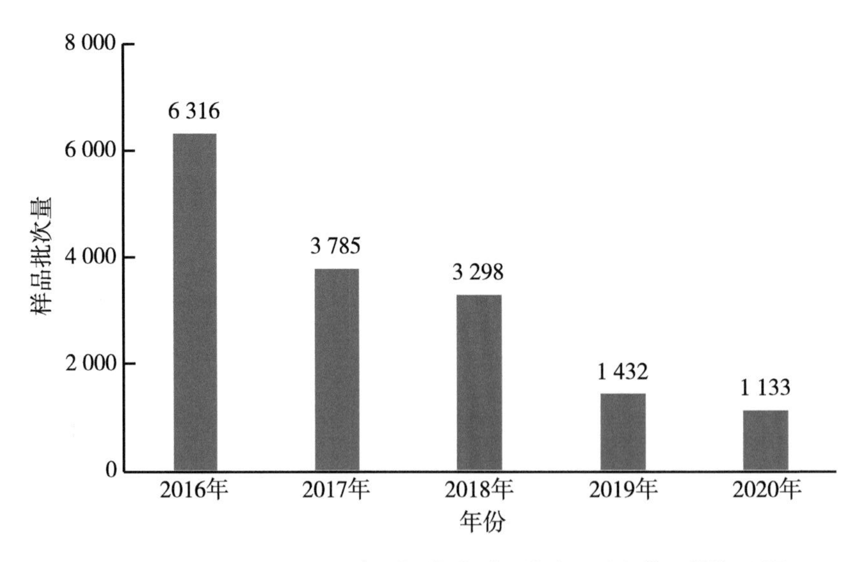


**图2-12　2016—2020年生乳中杂质度累计监测样品量**

### （二）监测结果分段统计

分段结果显示，2016年根据《乳与乳粉　杂质度的测定》（GB/T 5413.30—1997）判定，杂质度≤0.25mg/L、≤0.75mg/L、≤1.5mg/L和≤2mg/L的生乳比例分别为81.4%、95.1%、97.9%和100.0%。

2017—2020年，根据《食品安全国家标准　乳和乳制品杂质度的测定》（GB/T 5413.30—2016）判定，杂质度≤0.25mg/L的生乳比例分别为83.0%、86.6%、90.8%和99.0%。

杂质度≤0.5mg/L的生乳比例分别为85.2%、95.4%、95.3%和99.8%。

杂质度≤0.75mg/L的生乳比例分别为96.5%、99.4%、95.7%和100.0%。

杂质度≤4.0mg/L的生乳比例分别为100.0%、100.0%、100.0%和100.0%（表2-5）。

**表2-5　2016—2020年生乳杂质度占比分段统计**

| 年份 | ≤0.25mg/L | ≤0.5mg/L | ≤0.75mg/L | ≤1.5mg/L | ≤2mg/L |
|---|---|---|---|---|---|
| 2016 | 81.4% | — | 95.1% | 97.9% | 100.0% |
| 年份 | ≤0.25mg/L | ≤0.5mg/L | ≤0.75mg/L | ≤4.0mg/L | — |
| 2017 | 83.0% | 85.2% | 96.5% | 100.0% | — |
| 2018 | 86.6% | 95.4% | 99.4% | 100.0% | — |
| 2019 | 90.8% | 95.3% | 95.7% | 100.0% | — |
| 2020 | 99.0% | 99.8% | 100.0% | 100.0% | — |

## （三）监测结果与各类标准的比较分析

监测结果显示，我国生乳杂质度指标显著下降。按照

《食品安全国家标准　生乳》（GB 19301—2010）中杂质度≤4.0mg/kg的限量统计，2020年100.0%的生乳样品符合国家标准的要求。

为此，研究建议生乳基础标准定值为杂质度≤0.75mg/L，2020年100.0%的生乳样品符合新限量的要求。

# 第三章 安全指标——菌落总数

◆ 监测概况

◆ 监测结果分段统计

◆ 监测结果与各类标准的比较分析

## 一、监测概况

菌落总数反映奶牛场卫生环境、挤奶环节、牛奶保存和运输状况，是重要的安全指标。

2012—2020年，连续9年对除西藏和港澳台以外全国30个省（区、市）开展生乳中菌落总数指标监测，累计监测样品量超过2.3万批次，获得有效监测数据23 924条（图3-1）。

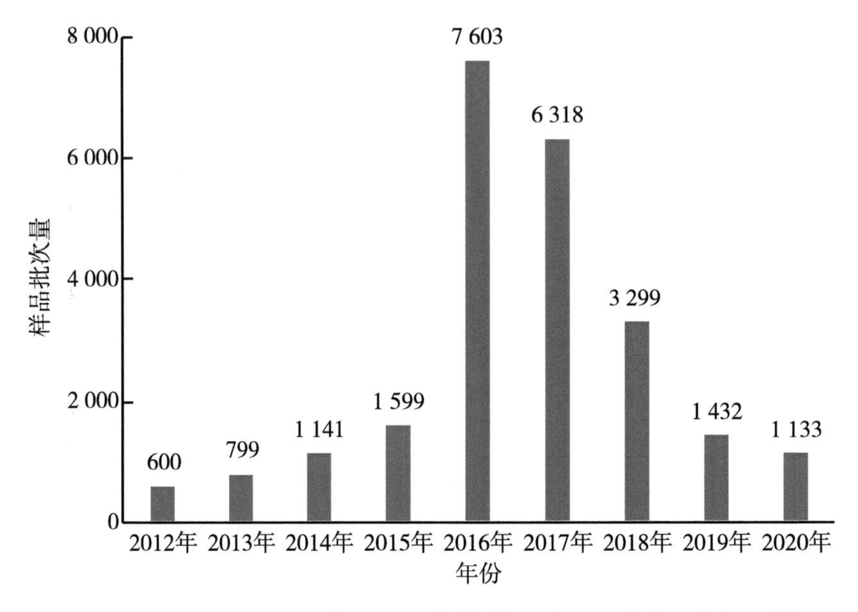


**图3-1　2012—2020年生乳中菌落总数累计监测样品量**

## 二、监测结果分段统计

分段统计结果显示，2012—2020年，菌落总数≤200万CFU/mL的生乳比例分别为95.8%、96.4%、96.5%、96.0%、98.3%、98.9%、98.9%、98.6%和99.8%。

菌落总数≤100万CFU/mL的生乳比例分别为77.2%、75.8%、82.7%、85.1%、93.2%、94.4%、94.5%、94.7%和96.6%。

菌落总数≤70万CFU/mL的生乳比例分别为70.3%、68.6%、74.7%、79.5%、89.1%、89.9%、90.5%、91.6%和94.0%。

菌落总数≤60万CFU/mL的生乳比例分别为68.0%、65.2%、72.5%、77.0%、87.4%、87.7%、89.0%、90.2%和92.8%。

菌落总数≤50万CFU/mL的生乳比例分别为66.3%、63.0%、69.9%、73.0%、85.2%、85.2%、87.0%、88.8%和91.0%。

菌落总数≤20万CFU/mL的生乳比例分别为53.8%、40.6%、44.5%、52.5%、73.2%、74.5%、77.7%、82.0%和84.5%。

菌落总数≤10万CFU/mL的生乳比例分别为35.7%、28.8%、32.0%、40.5%、60.0%、63.8%、66.9%、74.2%和76.4%。

菌落总数≤5万CFU/mL的生乳比例分别为24.3%、17.1%、22.8%、25.3%、43.3%、49.3%、53.5%、61.9%和61.0%（表3-1）。

**表3-1　2012—2020年生乳菌落总数占比分段统计**

| 年份 | ≤5万 CFU/mL | ≤10万 CFU/mL | ≤20万 CFU/mL | ≤50万 CFU/mL | ≤60万 CFU/mL | ≤70万 CFU/mL | ≤100万 CFU/mL | ≤200万 CFU/mL |
|---|---|---|---|---|---|---|---|---|
| 2012 | 24.3% | 35.7% | 53.8% | 66.3% | 68.0% | 70.3% | 77.2% | 95.8% |
| 2013 | 17.1% | 28.8% | 40.6% | 63.0% | 65.2% | 68.6% | 75.8% | 96.4% |
| 2014 | 22.8% | 32.0% | 44.5% | 69.9% | 72.5% | 74.7% | 82.7% | 96.5% |
| 2015 | 25.3% | 40.5% | 52.5% | 73.0% | 77.0% | 79.5% | 85.1% | 96.0% |
| 2016 | 43.3% | 60.0% | 73.2% | 85.2% | 87.4% | 89.1% | 93.2% | 98.3% |
| 2017 | 49.3% | 63.8% | 74.5% | 85.2% | 87.7% | 89.9% | 94.4% | 98.9% |
| 2018 | 53.5% | 66.9% | 77.7% | 87.0% | 89.0% | 90.5% | 94.5% | 98.9% |
| 2019 | 61.9% | 74.2% | 82.0% | 88.8% | 90.2% | 91.6% | 94.7% | 98.6% |
| 2020 | 61.0% | 76.4% | 84.5% | 91.0% | 92.8% | 94.0% | 96.6% | 99.8% |

## 三、监测结果与各类标准的比较分析

监测结果显示，我国生乳中菌落总数显著下降，2020年生乳中菌落总数平均值为14.64万CFU/mL，远低于我国现行国家标准200万CFU/mL和美国50万个/mL（单个牧场）的限量要求（图3-2）。

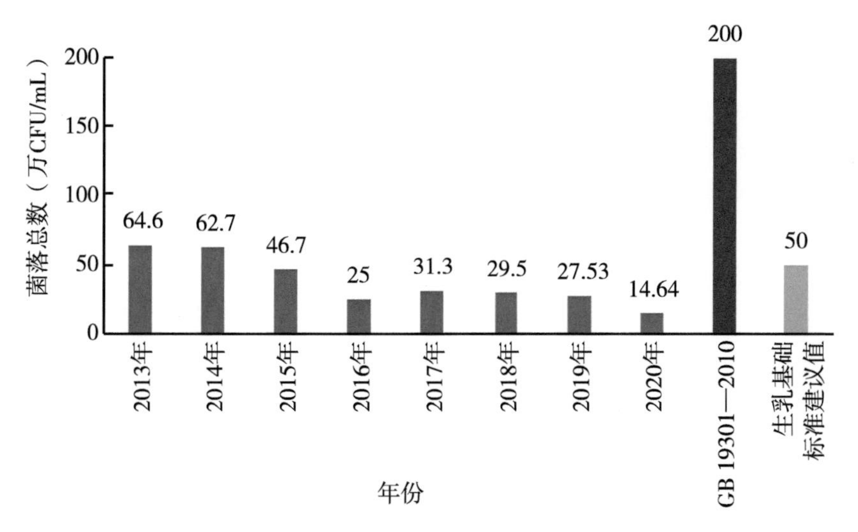


**图3-2　2013—2020年生乳中菌落总数平均值变化**

按照《食品安全国家标准　生乳》（GB 19301—2010）中≤200万CFU/mL限量要求统计，2020年99.8%的生乳符合国家标准的要求（图3-3）。

为此，研究建议生乳基础标准定值为菌落总数≤50万CFU/mL，2020年91.0%的生乳符合新限量的要求（图3-3）。

按照《优级生乳》（T/TDSTIA 003—2019）标准中菌落总数≤10万CFU/mL限量统计，2020年76.4%的生乳达到优级生乳菌落总数限量要求。

按照《特优级生乳》（T/TDSTIA 002—2019）标准中菌落总数≤5万CFU/mL限量统计，61.0%的生乳达到特优级生乳菌落总数限量要求。

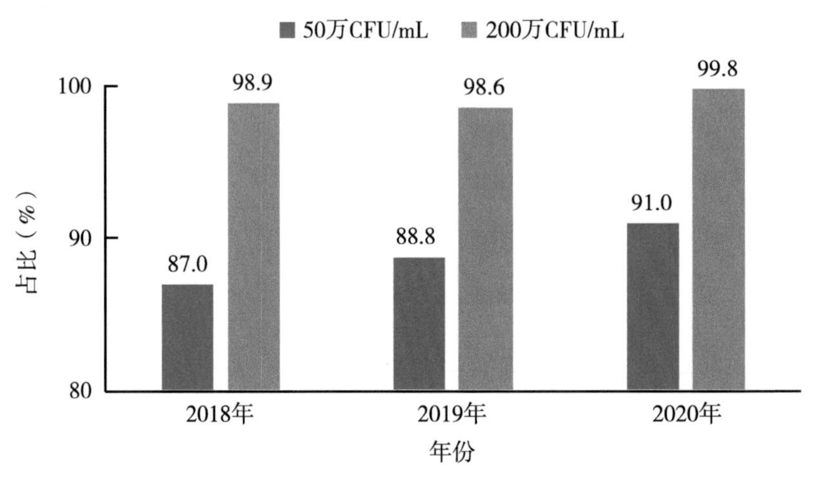


**图3-3　2018—2020年生乳菌落总数占比**

# 第四章 健康指标——体细胞数

- 监测概况
- 监测结果分段统计
- 监测结果与各类标准的比较分析

# 一、监测概况

体细胞数是指每毫升生乳中所含体细胞的数量，是衡量奶牛乳房健康状况和生乳质量的重要指标。

2016—2020年，连续5年对除西藏和港澳台以外全国30个省（区、市）开展生乳中体细胞数指标监测，累计监测样品量超过2.3万批次，获得有效监测数据23 848条（图4-1）。

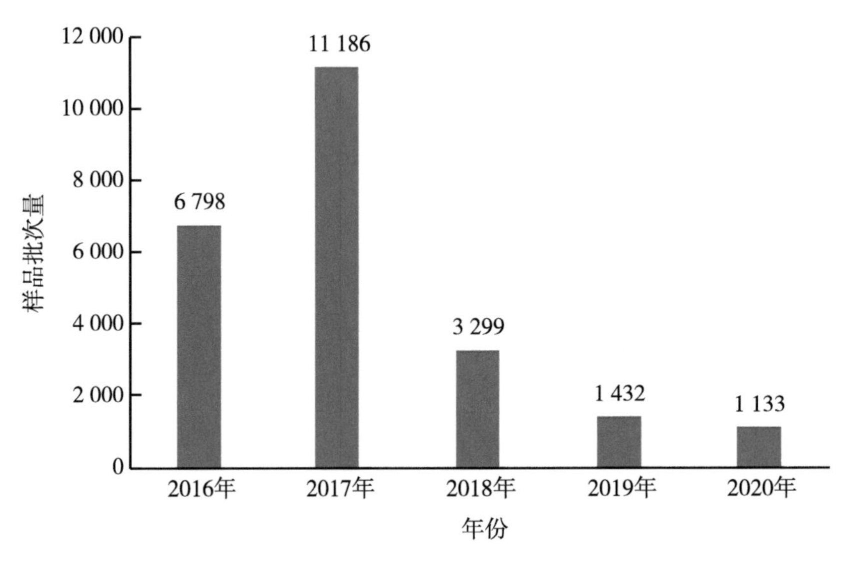


**图4-1　2016—2020年生乳中体细胞数累计监测样品量**

## 二、监测结果分段统计

分段结果显示，2016—2020年，体细胞数≤100万个/mL的生乳比例分别为86.30%、96.81%、96.94%、98.32%和99.21%。

体细胞数≤70万个/mL的生乳比例分别为80.66%、92.11%、93.45%、96.16%和96.03%。

体细胞数≤60万个/mL的生乳比例分别为77.21%、89.00%、91.18%、94.83%和94.17%。

体细胞数≤50万个/mL的生乳比例分别为71.62%、84.32%、87.42%、92.18%和90.11%。

体细胞数≤40万个/mL的生乳比例分别为63.03%、75.72%、79.90%、86.45%和81.91%。

体细胞数≤30万个/mL的生乳比例分别为45.37%、60.12%、66.08%、72.28%和66.73%（表4-1）。

表4-1　2016—2020年生乳体细胞数占比分段统计

| 年份 | ≤30万个/mL | ≤40万个/mL | ≤50万个/mL | ≤60万个/mL | ≤70万个/mL | ≤75万个/mL | ≤100万个/mL | >100万个/mL |
|---|---|---|---|---|---|---|---|---|
| 2016 | 45.37% | 63.03% | 71.62% | 77.21% | 80.66% | 81.77% | 86.30% | 13.70% |
| 2017 | 60.12% | 75.72% | 84.32% | 89.00% | 92.11% | 93.31% | 96.81% | 3.19% |
| 2018 | 66.08% | 79.90% | 87.42% | 91.18% | 93.45% | 94.33% | 96.94% | 3.06% |
| 2019 | 72.28% | 86.45% | 92.18% | 94.83% | 96.16% | 96.37% | 98.32% | 1.68% |
| 2020 | 66.73% | 81.91% | 90.11% | 94.17% | 96.03% | 97.18% | 99.21% | 0.79% |

## 三、监测结果与各类标准的比较分析

监测结果显示，我国生乳中体细胞数逐年显著下降，2020年生乳中体细胞数平均值为27.53万个/mL，远低于美国75万个/mL，以及欧盟、新西兰和加拿大40万个/mL的限量值。目前《食品安全国家标准　生乳》（GB 19301—2010）中没有体细胞数限量要求（图4-2）。

为此，研究建议生乳基础标准定值为体细胞数≤70万个/mL，2020年96.03%的生乳样品符合新限量的要求（图4-3）。

按照《优级生乳》（T/TDSTIA 003—2019）标准中体细

胞数≤40万个/mL限量统计，2020年81.91%的生乳样品达到优级生乳体细胞数限量要求。

按照《特优级生乳》（T/TDSTIA 002—2019）标准中体细胞数≤30万个/mL限量统计，2020年66.73%的生乳样品达到特优级生乳体细胞数限量要求。

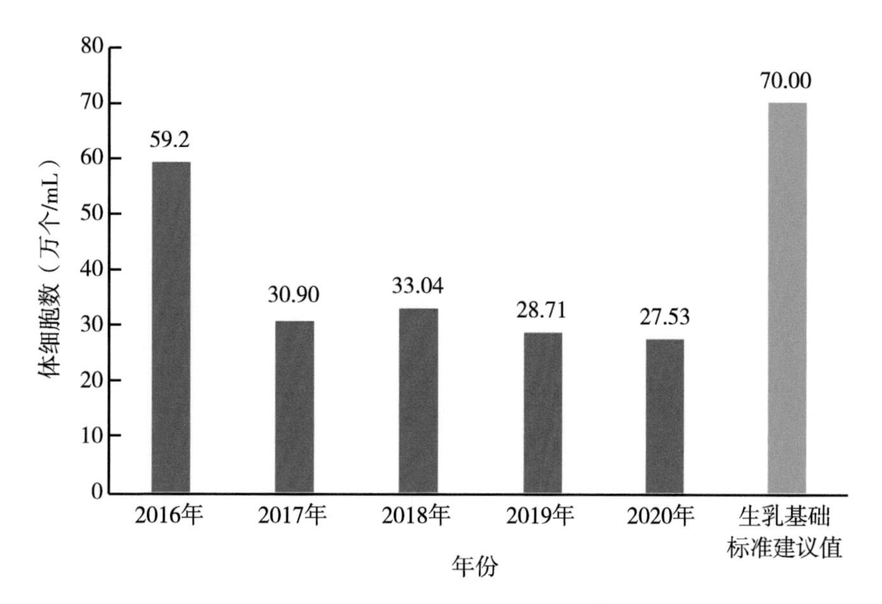


**图4-2　2016—2020年生乳中体细胞数平均值变化**

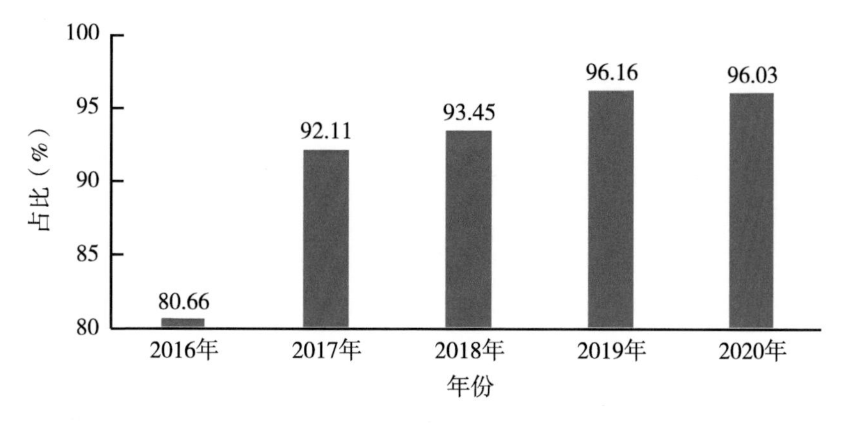


**图4-3　2016—2020年体细胞数≤70万个/mL生乳比例**

# 第五章　生乳基础标准关键定值建议

- 脂肪
- 蛋白质
- 相对密度
- 酸度
- 菌落总数
- 体细胞数

《食品安全国家标准　生乳》新国标的制修订过程中，项目组全面梳理了我国9年来生鲜乳质量安全监测项目20余万条数据，纵向研究分析了我国不同阶段5个生乳标准版本的历史演变过程，横向总结对比了覆盖五大洲、包括欧盟、美国、新西兰、澳大利亚、德国、日本、加拿大等10余个国家、地区和组织的生乳标准。在此基础上，提出了《食品安全国家标准　生乳》新生乳基础标准建议值。

在新标准建议值中，主要变化的指标有脂肪、蛋白质、相对密度、酸度、菌落总数和体细胞数。具体指标限值变化情况介绍如下。

## 一、脂肪

### （一）现行国标指标值

《食品安全国家标准　生乳》（GB 19301—2010）中对生牛乳的脂肪值进行了规定，其指标值为≥3.1g/100g。

### （二）生乳基础标准建议指标值

生乳基础标准建议生牛乳的脂肪指标值为≥3.2g/100g。

### （三）优质乳标准指标值

为了引导优质优价，促进奶业高质量发展，天津市奶业科技创新协会于2019年发布了优质乳相关团体标准。

《优级生乳》（T/TDSTIA 003—2019）中，对生牛乳的脂肪值进行了规定，其指标值为≥3.3g/100g。

《特优级生乳》（T/TDSTIA 002—2019）中，对生牛乳的脂肪值进行了规定，其指标值为≥3.4g/100g（图5-1）。

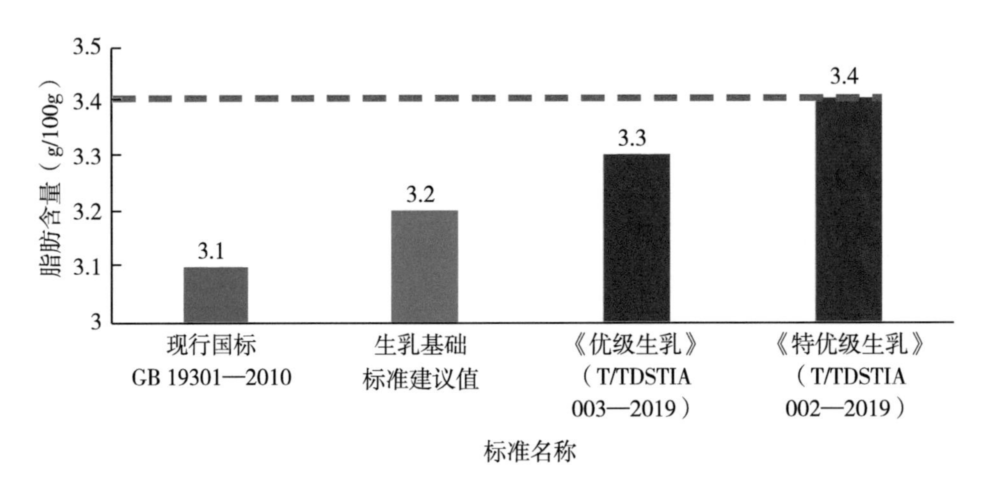


**图5-1　不同标准对生乳中脂肪含量要求**

### （四）监测结果比较分析

2020年生鲜乳监测结果显示，我国生鲜乳脂肪含量平均值达到3.78g/100g。脂肪含量≥3.1g/100g、≥3.2g/100g、≥3.3g/100g和≥3.4g/100g的生乳比例分别达到了99.74%、97.97%、93.82%和89.14%（图5-2）。

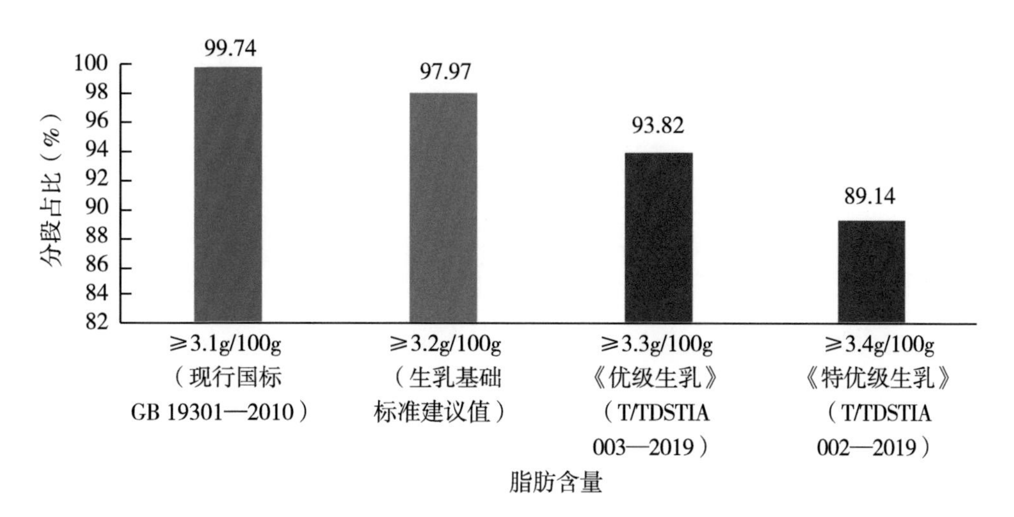


**图5-2　2020年生乳中脂肪含量分段占比统计**

## 二、蛋白质

### （一）现行国标指标值

《食品安全国家标准　生乳》（GB 19301—2010）中对

生牛乳的蛋白质含量进行了规定，其指标值为≥2.8g/100g。

### （二）生乳基础标准建议指标值

生乳基础标准建议生牛乳的蛋白质指标值为≥2.9g/100g，高于美国PMO中≥2.0g/100g的限量要求，德国没有相关限量要求。

### （三）优质乳标准指标值

为了引导优质优价，促进奶业高质量发展，天津市奶业科技创新协会于2019年发布了优质乳相关团体标准。

《优级生乳》（T/TDSTIA 003—2019）中，对生牛乳的蛋白质含量进行了规定，其指标值为≥3.0g/100g。

《特优级生乳》（T/TDSTIA 002—2019）中，对生牛乳的蛋白质含量进行了规定，其指标值为≥3.1g/100g，超过欧盟≥2.9%的限量要求（图5-3）。

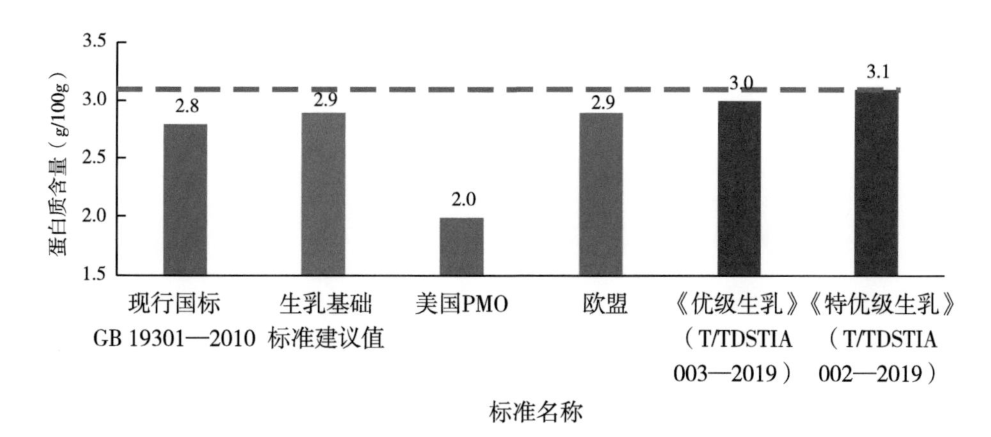


**图5-3　不同标准对生乳中蛋白质含量要求**

## （四）监测结果比较分析

2020年生乳监测结果显示，我国生乳蛋白质含量平均值达到3.27g/100g。蛋白质含量≥2.8g/100g、≥2.9g/100g、≥3.0g/100g和≥3.1g/100g的生乳比例分别达到了99.54%、98.23%、95.15%和87.03%（图5-4）。

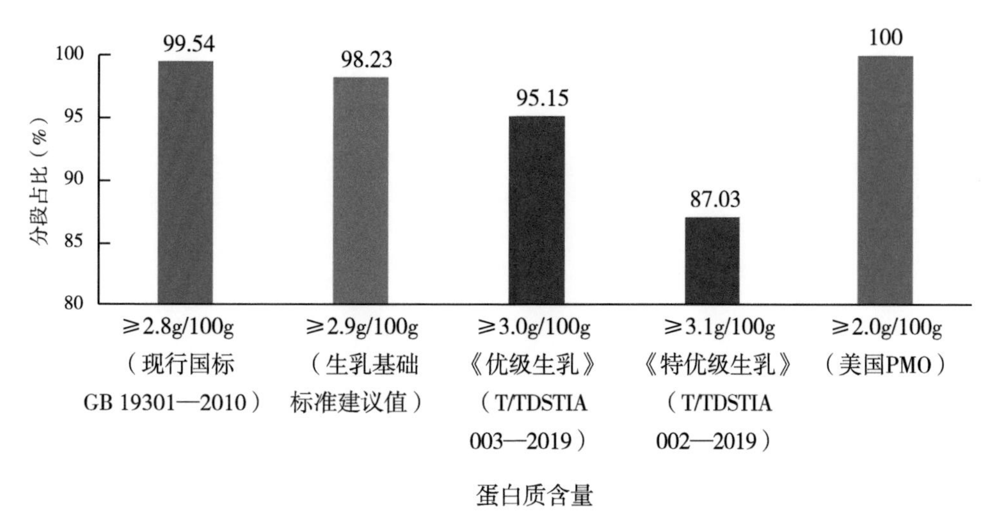


**图5-4　2020年生乳中蛋白质含量分段占比统计**

## 三、相对密度

### （一）现行国标指标值

《食品安全国家标准　生乳》（GB 19301—2010）中对生牛乳的相对密度限量值进行了规定，其指标值为≥1.027。

### （二）生乳基础标准建议指标值

生乳基础标准建议生牛乳的相对密度指标值为≥1.028，与欧盟和日本相对密度≥1.028限量要求保持一致（图5-5）。

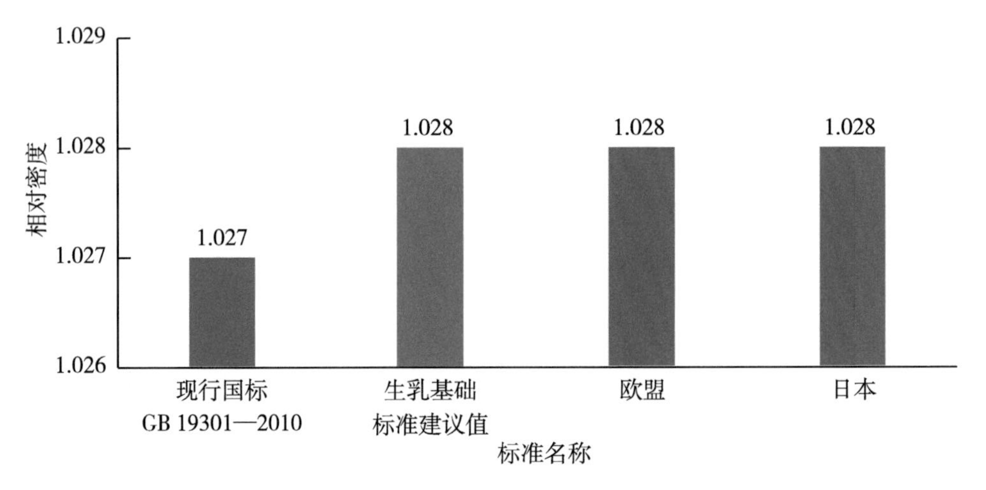


**图5-5　不同标准对生乳中相对密度限量要求**

### （三）监测结果比较分析

2020年生乳监测结果显示，我国生乳相对密度平均值达到1.032。相对密度≥1.027、≥1.028的生乳比例分别达到了99.2%和94.5%（图5-6）。

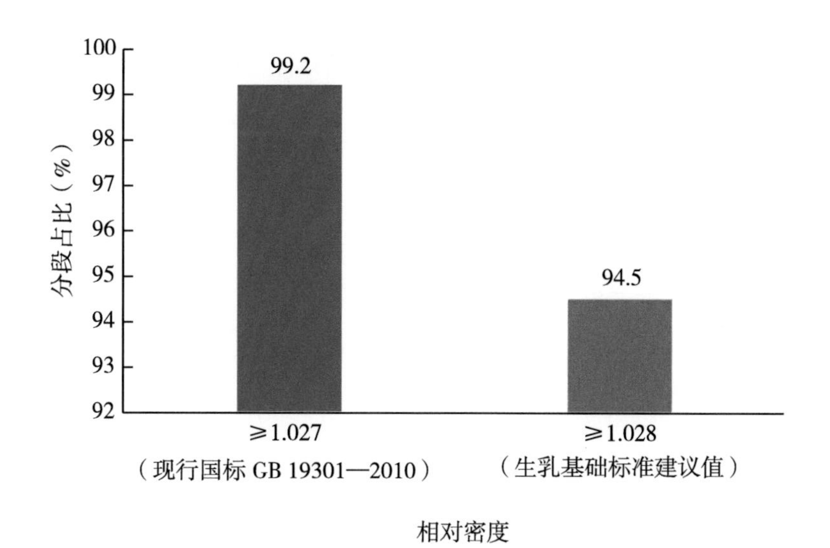


**图5-6　2020年生乳中相对密度分段占比统计**

## 四、酸度

### （一）现行国标指标值

《食品安全国家标准　生乳》（GB 19301—2010）中对生牛乳的酸度限量值进行了规定，其指标值为12°T ~ 18°T。

### （二）生乳基础标准建议指标值

生乳基础标准建议生牛乳的酸度指标值为10°T～18°T。

### （三）监测结果比较分析

2020年生乳监测结果显示，我国生乳酸度平均值达到13.86°T。酸度10°T～18°T、12°T～18°T的生乳比例均达到了100%。

## 五、菌落总数

### （一）现行国标指标值

《食品安全国家标准　生乳》（GB 19301—2010）中对生牛乳的菌落总数限量值进行了规定，其指标值为≤200万CFU/mL。

### （二）生乳基础标准建议指标值

生乳基础标准建议生牛乳的菌落总数指标值为≤50万

CFU/mL，已达到美国CFR中≤50万CFU/mL的限量要求。

### （三）优质乳标准指标值

为了引导优质优价，促进奶业高质量发展，天津市奶业科技创新协会于2019年发布了优质乳相关团体标准。

《优级生乳》（T/TDSTIA 003—2019）中，对生牛乳的菌落总数限量值进行了规定，其指标值为≤10万CFU/mL，达到了欧盟、新西兰和美国PMO中≤10万CFU/mL的限量要求。

《特优级生乳》（T/TDSTIA 002—2019）中，对生牛乳的菌落总数限量值进行了规定，其指标值为≤5万CFU/mL，严于欧盟、新西兰和美国PMO中≤10万CFU/mL的限量要求（图5-7）。

### （四）监测结果比较分析

2020年生乳监测结果显示，我国生乳菌落总数含量平均值达到14.64万CFU/mL。菌落总数含量≤200万CFU/mL、≤50万CFU/mL、≤10万CFU/mL和≤5万CFU/mL的生乳比例分别达到了99.8%、91.0%、76.4%和61.0%（图5-8）。

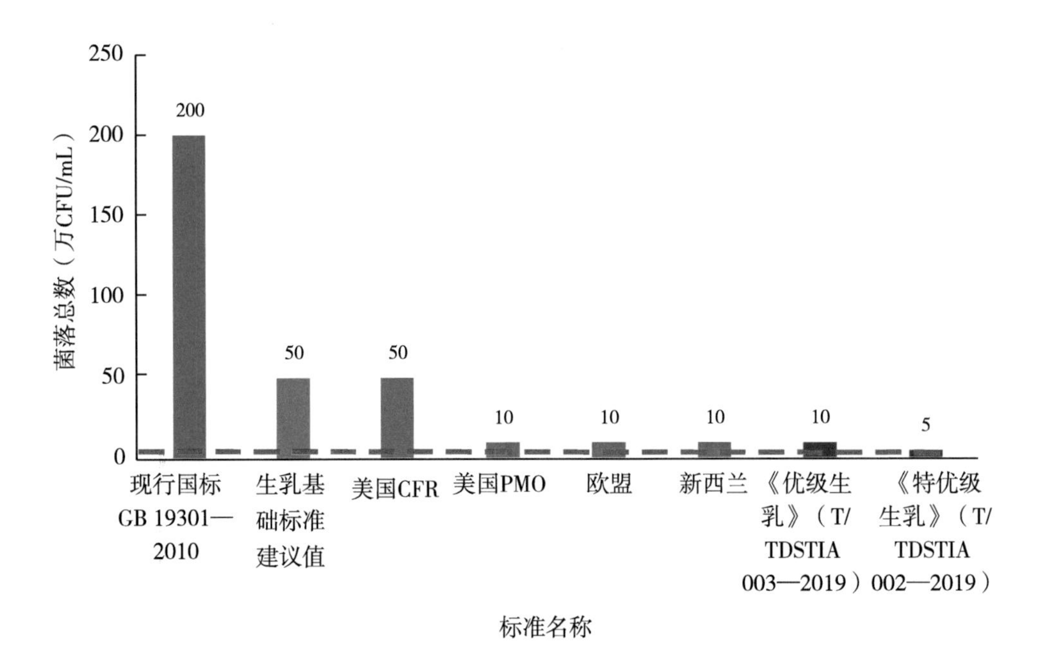


**图5-7　不同标准对生乳中菌落总数限量要求**

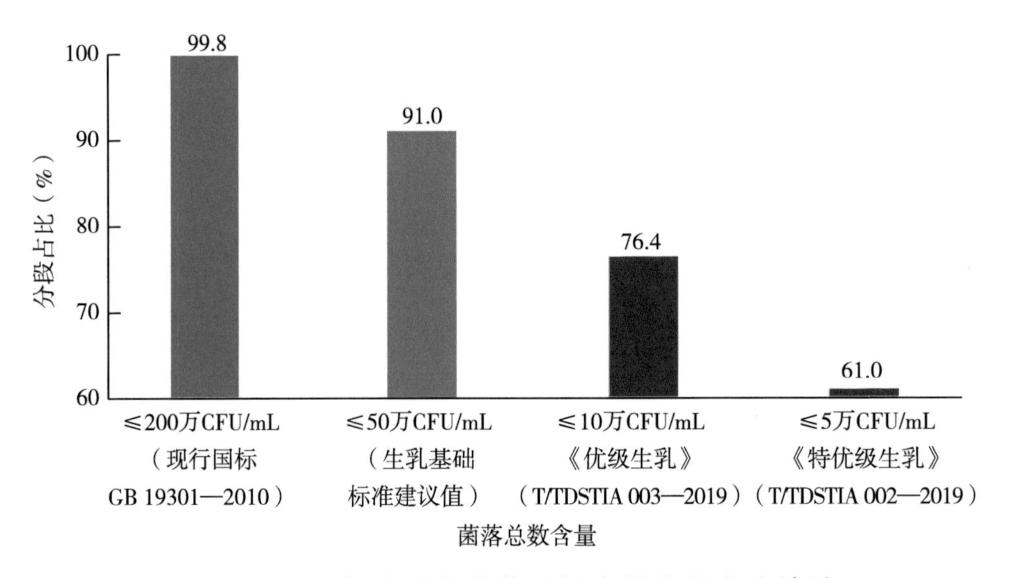


**图5-8　2020年生乳中菌落总数含量分段占比统计**

## 六、体细胞数

### （一）现行国标指标值

历年国家标准中均未对生牛乳的体细胞限量值进行规定。

### （二）生乳基础标准建议指标值

生乳基础标准建议生牛乳的体细胞数指标值为≤70万个/mL，严于美国PMO中≤75万个/mL的限量要求。

### （三）优质乳标准指标值

为了引导优质优价，促进奶业高质量发展，天津市奶业科技创新协会于2019年发布了优质乳相关团体标准。

《优级生乳》（T/TDSTIA 003—2019）中，对生牛乳的体细胞数限量值进行了规定，其指标值为≤40万个/mL，达到了欧盟、新西兰、加拿大≤40万个/mL的限量要求。

《特优级生乳》（T/TDSTIA 002—2019）中，对生

牛乳的体细胞数限量值进行了规定，其指标值为≤30万个/mL，严于欧盟、新西兰、加拿大≤40万个/mL的限量要求（图5-9）。

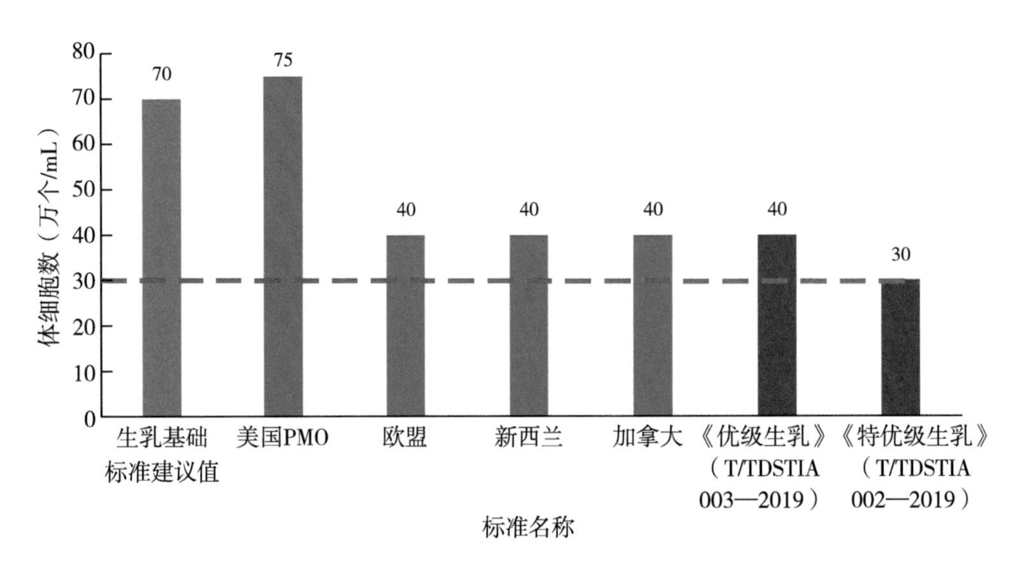


**图5-9　不同标准对生乳中体细胞数限量要求**

## （四）监测结果比较分析

2020年生乳监测结果显示，我国生乳体细胞数含量平均值达到27.53万个/mL。体细胞数含量≤70万个/mL、≤40万个/mL和≤30万个/mL的生乳比例分别达到了96.03%、81.91%和66.73%（图5-10）。

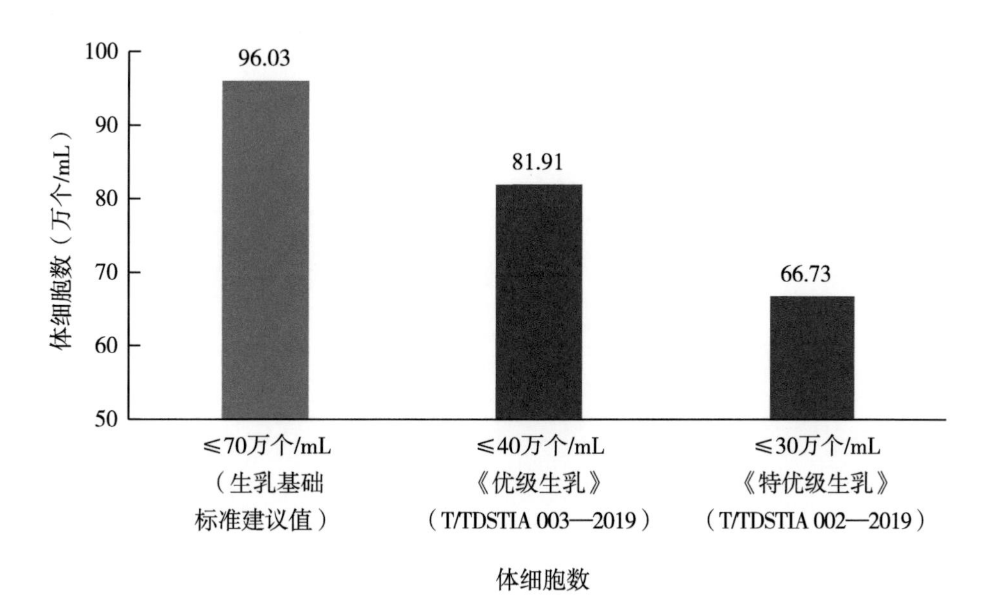


**图5-10　2020年生乳中体细胞数分段占比统计**

# 参考文献


国家技术监督局，1997. 乳与乳粉 杂质度的测定：GB/T 5413.30—1997[S]. 北京：中国标准出版社.

国家食品药品监督管理总局，国家卫生和计划生育委员会，2017. 食品安全国家标准　乳和乳制品杂质度的测定：GB/T 5413.30—2016[S]. 北京：中国标准出版社.

厚生労働省，2016. 乳及び乳製品の成分規格等に関する省令[S/OL]. https:// www.mhlw.go.jp/web/t_doc?dataId=78333000&dataType=0&pageNo=1.

天津市奶业科技创新协会，2019. 特优级生乳：T/TDSTIA 002—2019[S].

天津市奶业科技创新协会，2019. 优级生乳：T/TDSTIA 003—2019[S].

中国台湾地区经济主管部门，2015. 生乳：CNS 3055 N5092[S].

中华人民共和国卫生部，2010. 食品安全国家标准 生乳：GB 19301—2010[S]. 北京：商务印书馆.

Canadian Food Inspection System，2015. National Dairy

Code Production and Processing Requirements[S/OL]. http://www.dairyinfo.gc.ca/index_e.php?s1=dr-rl&s2=canada&s3=ndc-cnpl&s4=09-2013.

Food and Drug Administration，2019. Grade A pasteurized milk Ordinance[S/OL]. http://www.fda.gov/media/140394/download.

Food Safety and Standards Authority of India，2011. Food safety and standards（food products standards and food additives）regulations[S/OL].http://www.fssai.gov.in/home/fss-legislation/fss-regulations.html.

New Zealand Food Safety Authority，2008. Animal Products（Dairy）Approved Criteria for Farm Dairies[S/OL]. http://www.mpi.govt.nz/dmsdocument/10148-dpc-2-animal-products-dairy-approved-criteria-for-farm-dairies.

Official Journal of the European Union，2004. Regulation（EC）No 853/2004 of the European Parliament and of the Council of 29 April 2004 laying down specific hygiene rules for food of animal origin[S/OL]. https://eur-lex.europa.eu/ LexUriServ/LexUriServ.do?uri=OJ:L:2004:139:0055:0205:en:PDF